AF341510

DISCOURS DE RÉCEPTION
DE M. ÉRIK ORSENNA
À L'ACADÉMIE FRANÇAISE
ET RÉPONSE
DE M. BERTRAND POIROT-DELPECH

*Discours de réception
de M. Érik Orsenna
à l'Académie française
et réponse
de M. Bertrand Poirot-Delpech*

Fayard

Discours de réception
de
M. Érik Orsenna
à l'Académie française

M. Érik Orsenna, ayant été élu par l'Académie française à la place laissée vacante par la mort de M. Jacques-Yves Cousteau, y est venu prendre séance le jeudi 17 juin 1999 et a prononcé le discours suivant :

Messieurs,

Puisque dans la grammaire de la Compagnie, «messieurs» s'accorde avec Hélène et Jacqueline, souffrez qu'en m'adressant à vous, messieurs, je vous salue aussi, mesdames.

Et maintenant, prenons la mer.

La *Boudeuse*, l'*Étoile*, la *Boussole*, l'*Astrolabe*, la *Calypso*... Je croyais devoir célébrer un fauteuil et voici que, déjà, nous naviguons. Sur l'un de ces bateaux de légende découvreurs d'univers. Moins poussés par le vent que par la curiosité, cette force irrépressible un beau jour qui fait tout quitter pour suivre la route tracée par Jehan de Mandeville dès le XIVe siècle : «aller du par-deçà connu au par-delà imaginé», cette maladie de partir aussi rongeuse d'amarres que le plus fou des amours.

Malte, 1950. Entre l'Europe et l'Afrique, l'île de tous les commerces et autres pirateries. Dans le port de La Valette, sous la citadelle des chevaliers de Saint-Jean, une sorte d'épave attend. Elle a connu des heures de gloire en draguant des mines. La paix revenue, elle somnole au soleil, seulement visitée par des colonies d'anatifes. Un officier français passe sur le quai : c'est un marin sans bâtiment. À peine a-t-il aperçu la coque délaissée qu'il la choisit. Pour toujours. Telles sont les rencontres entre un homme et son navire. Cela tient du coup de foudre. Au premier regard on a reconnu son inséparable.

Sitôt remise à neuf, grâce à l'intervention d'un certain M. Guinness, mécène de son état, la *Calypso* prend le large.

– Quel est le but de notre voyage? demande-t-elle, après quelques milles de silence.

– Le fond de la mer, répond le commandant.

Étrange destination, pour un navire. La *Calypso* ne semble pas s'en émouvoir. Elle continue vaillamment de tailler sa route. Ainsi, certaines femmes, au lieu de retenir Ulysse sur la terre ferme, se font les alliées de son rêve, quand elles n'en sont pas les instigatrices secrètes. À ces femmes de générosité rare grâces toutes particulières soient, ici, rendues!

La passion de la profondeur, chez le nouveau compagnon de Calypso, ne date pas d'aujourd'hui. On dit qu'enfant déjà il explorait la vase des étangs et passait son temps libre à imaginer des instruments pour respirer sous la Javel des piscines. Goût de l'eau sur la peau? Sans doute. On a beau être maigre, on ne dédaigne pas les caresses. Mais aussi appétit d'inconnu, soif de l'ignoré. À cette voracité, l'œil ne suffit pas. Il faut la caméra, qui cadre et qui retient. Ce n'est pas encore l'heure du numérique mais de Pathé-Baby. Cousteau n'a que treize ans. L'œil et l'eau. Le plan est tracé. Il ne reste plus qu'à vivre.

Quelque temps plus tard, au moment de choisir une carrière, on fera semblant d'hésiter. La marine ou le cinéma? Pourquoi s'appauvrir? On fera l'un et l'autre. Navale et des films. Les sujets ne manquent pas. À chaque escale de la *Jeanne-d'Arc*, le monde s'offre en cadeau : Bali, Hollywood, Shanghai...

Triste retour, la guerre menace l'Europe et bientôt éclate. Après une brève campagne sur le *Dupleix*, occupée à bombarder les côtes ligures, c'est l'armistice, l'affectation à Toulon et les magies consolatrices de la Méditerranée. Avec deux amis, Philippe Tailliez et Frédéric Dumas, il explore le moindre relief des côtes du Var. Et sans cesse, le trio, baptisé les mousquemers, bricole : des caméras pour mieux capter les mérous, et des fusils, pour mieux les occire. Surtout des appareils pour mieux respirer sous l'eau. Un jour, un très beau jour, un inventeur se présente. Il s'appelle Émile Gagnan. Sa trouvaille est simple et doit tout à l'époque de pénurie. Les automobiles ne marchent plus à l'essence. C'est le gaz qui les alimente. Qu'est-ce qu'un poumon d'homme, sinon une sorte de moteur? Il suffit de transposer le système et l'oxygène parviendra au plongeur. Gagnan propose, Cousteau améliore. Et soudain le scaphandrier se libère. La grosse bête pataude jette aux algues ses semelles de plomb et ses câbles. D'un battement de palmes, l'homme rejoint ses ancêtres poissons et se mêle à leurs jeux. Pour ce cadeau de la liberté, les plongeurs ne remercieront jamais assez.

Hommage à Gagnan, il travaillait à l'Air liquide, la société si bien nommée.

Plonger.

Plonger, durant les années noires.

On peut comprendre cette attirance redoublée pour les profondeurs de la mer quand les bas-fonds de la nature humaine ont pris le pouvoir sur la terre. Comment lire sans dégoût les immondices qu'écrit son frère, son propre frère, dans l'ignoble journal *Je suis partout*? Un frère que Jacques-Yves n'abandonnera jamais. Et s'il faut, malgré l'indignité, se forcer à sourire, comment ne pas se rappeler que la seule vraie place du marin français, en cette fin d'année 1942, c'était sous l'eau puisqu'un amiral, en donnant l'ordre d'ouvrir tous les sabords à Toulon, y avait envoyé la flotte?

Mais les baignades purificatrices n'occupent pas tout notre homme. Quand il refait surface, c'est pour se rendre utile. Un jour de 1941, il faut se procurer par tous les moyens le code secret utilisé pas les Italiens présents en France pour communiquer avec Rome. Un commando est formé. En Citroën, par la nuit noire de janvier, les trois hommes déguisés gagnent Sète où la délégation fasciste a des locaux moins défendus qu'ailleurs. Un bon gendarme français monte la garde. Il salue, comme il se doit, les trois faux officiers italiens qui pénètrent tranquillement dans la villa. L'un d'entre eux s'y connaît en coffres-forts. Quelques instants plus tard, la porte cède. C'est à Cousteau de jouer. Avec un appareil Minox amélioré par ses soins, il photographie le fameux code. Et puis l'on referme le coffre. Et puis l'on quitte les lieux sous le salut déférent de notre brave Pandore. Les plus hautes félicitations récompenseront les conjurés. L'amertume leur restera cependant de cette action d'éclat. Pour ne pas blesser l'occupant, Darlan décidera de ne rien faire du trésor reçu en double exemplaire. C'était un temps, décidément, à ne pas sortir les amiraux de leur lit.

Pendant qu'ainsi s'éloignent les souvenirs de la guerre, la *Calypso* quitte Toulon pour aller visiter les coraux de la mer Rouge. Première mission d'une innombrable série. Première manifestation d'une ambition sans mesure.

En ce milieu du XXe siècle, à quelques taillis près d'Amazonie ou de Nouvelle-Guinée, l'homme sait tout des moindres recoins de la terre ferme. Même s'il hésite encore sur la vraie nature de Mars ou de Vénus, il a déjà percé bien des secrets du ciel. La mer couvre les trois quarts de la planète. De la mer nous est venue la vie. Pourtant, la mer demeure le monde ignoré. À croire que seule sa surface nous intéresse, incorrigibles narcisses que nous sommes, pour nous y contempler. Depuis la nuit des temps, l'homme se penche sur l'eau. Il n'y voit pas seulement reflété son visage, comme dans les glaces ordinaires, mais aussi ses rêves et ses terreurs. Bref, la mer est le miroir des âmes. L'alternance de calmes et de tempêtes est la meilleure allégorie possible de l'existence, de même que le caractère éphémère du sillage que l'on laisse derrière soi. Voilà pourquoi, les deux plus grands en tête, Melville et Conrad, les écrivains de mer ne parlent que du genre humain. Même quand une baleine blanche vient et revient narguer un capitaine, elle n'a pas d'identité propre, ce n'est que l'image de la hantise.

Le peuple immense qui grouille en profondeur, et dont sont venus bien avant le singe nos plus lointains ancêtres, personne n'y prête la plus petite attention. On se contente de légendes, on imagine en frissonnant des cavernes tapissées de murènes et des combats perpétuels entre poulpes géants et cachalots.

Or voici que quelqu'un, accompagné de ses amis, décide d'aller y voir, un drôle de Don Quichotte marin, aussi maigre que son modèle et aussi obstiné dans son rêve. Sa chevalerie à lui, c'est la curiosité. Allez vous promener à La Rochelle où *Calypso* prend sa retraite. Vous constaterez l'inépuisable ingéniosité de l'explorateur, la sorte de tour, par exemple, vissée sous l'étrave, d'où l'on peut considérer à loisir les requins ambiants. Ou la trappe minuscule, percée dans la cuisine, entre l'évier et la gazinière. Chez vous, elle mènerait à la cave. Chez Cousteau, elle débouche sur l'océan. Il suffit de l'ouvrir pour plonger, protégé du froid éventuel ou des regards indiscrets. Et partout des sondes, des scooters à hélices, des machines enregistreuses, tout un bric-à-brac, c'est la foire à la ferraille lancée à l'assaut de la connaissance. Tel est l'équipage pour commencer qui vogue vers la mer Rouge avant d'aller interroger tous les autres mystères. Il y a des matelots, des plongeurs, des scientifiques, ceux-ci devenant ceux-là, au fil des besoins ou des circonstances. Il y a la Bergère, c'est son surnom, la femme du Quichotte. Elle règne d'un sourire. Lui serait plutôt du genre à pérorer. Les mots lui servent sans doute, grommelés entre deux bouffées de pipe, à se convaincre lui-même. Car il en faut de l'énergie pour monter ces expéditions. *Calypso* accepte toutes les tâches, pourvu qu'elles soient marines : la fouille archéologique et la remontée à l'air libre d'amphores pleines de vin grec vieux de deux millénaires ; des études vulcanologiques avec

Haroun Tazieff. Et même de patientes et fastidieuses recherches pétrolières dans le détroit d'Ormuz... Non rassasiée par ses propres missions, *Calypso* s'adjoint des alliés de prestige. Tel le savant suisse Auguste Piccard, le grand-père de l'aérostier, celui qui vient de tourner en ballon autour de la Terre. Auguste a conçu le bathyscaphe. Le 30 septembre 1953, il descend à trois mille mètres dans une fosse de la Méditerranée. Pour la première fois, l'homme s'aventure dans les grands fonds où Cousteau décide illico d'aller séjourner, dans sa maison sous la mer. Activité quelque peu désordonnée et volontiers moquée par les scientifiques. Elle ne prend son sens que par les images qu'elle permet de rapporter. Plonger bien sûr, mais toujours filmer.

Cannes, avril 1956.

En haut des marches, au palais des Festivals, Maurice Lehmann s'inquiète. Outre l'Opéra de Paris, il préside le jury, et le ministre n'est pas là qui doit honorer de sa présence la projection française. À ses côtés, Arletty, Otto Preminger et Louise de Vilmorin, autres jurés, battent la semelle. Enfin, le garde des Sceaux. Il baise longuement la main de Michèle Morgan. Comme si l'exactitude était la politesse des rois et non celle des séducteurs. Mais il n'est pas encore roi. Il s'appelle François Mitterrand, tellement amoureux du temps qu'il ne dédaigne pas de le faire perdre aux autres. Deux heures après, un poisson lui a volé la vedette. Alors que la concurrence est rude – Brigitte Bardot, Kim Novak, Orson Welles, Ingrid Bergman... –, la Croisette ne jure plus que par Jojo, un mérou susceptible. Cousteau et celui qui est bien plus que son assistant, Louis Malle, reçoivent la palme d'or. Le documentaire acquiert ses lettres de plus haute noblesse.

Cette palme est une clef. Peut-être la clef la plus généreuse jamais forgée. À des centaines de millions d'êtres humains, elle ouvre la porte d'un univers, auquel ils appartenaient et dont ils ignoraient tout. La sole meunière dans une assiette, graisseuse à souhait et garnie pommes vapeur, n'est qu'un bien maigre indice des merveilles de la mer. Soudain vous pleurez avec un jeune cachalot, une murène sort de son trou pour vous considérer, une grande page blanche vous survole et vous apprenez qu'elle *s'appelle* raie manta. Tous les enfants vieillis du monde se souviennent... Ils ont gardé de la séance, outre l'éblouissement et le goût de l'esquimau, quelques leçons majeures. Par exemple que la vie est partout, partout diverse et partout fragile. Ou que la gaieté des dauphins vient de leur talent à travailler peu : moins de six minutes par jour. Descartes sans doute avait déjà entendu leur leçon. Il avouait ne consacrer à la vraie réflexion qu'un quart d'heure quotidien. Encore un effort, Martine Aubry, soyez moins timide. Vos trente-cinq heures ne sont qu'un infime premier pas sur le chemin de la société idéale!

J'ai oublié le nom du cinéma. Patrick Modiano me le donnera sans peine, lui qui garde tous les bottins de nos années passées. J'avais neuf ans, sur le trottoir de la rue de Sèvres je gambadais. Bien plus que les poissons, les plongeurs m'avaient enchanté. Leur élégance, dégagée des gangues de la pesanteur, leur manière de planer, de basculer... Souvenez-vous, ils enchaînent les figures, sans violence, sans défi, avec une lenteur tendre. On dirait des danseurs ou des musiciens, ils passent sans rupture d'un thème à l'autre...

De ce jour-là, de ce spectacle m'est venue la conviction qu'au fond est la nuit, sans doute, la permanente proximité de la mort. Mais il y a aussi la danse, cette souveraineté fragile des humains qu'a si bien peinte Matisse. Au fond de nous, tout au fond est la musique, une sorte de rire silencieux de la gorge et du corps. Le reste, ce qu'on appelle la «profondeur», je veux dire le sérieux, l'arrêté, le pompeux, cette profondeur-là n'est que théâtre de surface.

Huit ans plus tard paraît un autre chef-d'œuvre, *Le Monde sans soleil*, moins célébré que la palme d'or et pourtant plus intense, plus vertigineux : un voyage au bout de la couleur bleue... Nul besoin de test génétique pour trouver l'origine du film de Luc Besson.

S'il faut, au prix d'une digression que, j'espère, le commandant Cousteau, éternel voyageur s'il en fut, me pardonnera, s'il me faut devant vous être franc – et comment ne le serais-je, aujourd'hui, au moment de rejoindre une compagnie où, m'a-t-on dit, règne la haine du mensonge et même de l'omission –, bref si je ne dois rien vous cacher pour me présenter pur devant vous, je vous dirai que ces deux titres, *Le Monde du silence* et *Le Monde sans soleil*, évoquent pour moi beaucoup moins les créatures marines qu'une population humaine, ô combien humaine, à laquelle me lient d'innombrables souvenirs, notamment pécuniaires, la population des nègres. Vous l'avez compris, je ne fais pas référence à l'Afrique – son tour viendra plus tard –, mais à tous ces fantômes, mes frères, qui écrivent des textes que d'autres signent.

Étudiants rédigeant des chefs-d'œuvre d'érudition pour leurs professeurs fatigués. Secrétaires généraux mitonnant pour leurs patrons les plus poignantes des communications financières. Romanciers poursuivis par le fisc fabriquant en deux mois l'autobiographie d'une vedette de la chanson ou du sport rescapée d'une enfance forcément misérable grâce à l'obstination de parents bien sûr admirables. Dans ce domaine j'ai tout fait, ou presque, non sans délectation. Ma préférence allait à la rédaction de discours politiques subalternes. Qui dira le contentement du nègre lorsqu'il entend, dans la salle surchauffée d'une mairie, l'un des puissants de ce monde prononcer les phrases mêmes amoureusement ciselées dans un petit bureau la veille, des promesses définitives pour la défense du fromage de chèvre corse ou le désenclavement du département de l'Aisne?

Monde du silence, car la règle nous impose de taire notre paternité. Monde sans soleil, puisque d'autres recueillent en roucoulant la gloire de nos trouvailles lexicales.

Et pourtant!

Quelle belle et saine et nécessaire occupation que la négritude! Où trouver meilleur apprentissage du roman que dans cet exercice quasi divin de s'incarner à la demande dans toutes sortes d'existences? Et comment faire preuve de plus de philanthropie qu'en rédigeant, pour un ami détruit par la fuite de son épouse, mon autre spécialité : une lettre de réconciliation? Quand j'apprends qu'elle est revenue au logis, la fugitive, penaude et bouleversée par ma lettre et sa sincérité d'emprunt, je ne puis réprimer ma fierté.

L'auteur secret que je suis a prolongé la vie d'un couple. Et tel le chirurgien après une opération réussie je marche dans les rues la tête haute. Nègres de tous les pays, sachez qu'en entrant dans le palais des mots votre frère de l'ombre ne vous a pas oubliés !

Filmer et plonger : depuis l'âge de treize ans, Cousteau n'a jamais rien voulu d'autre. La consécration venue, pourquoi cesserait-il ? D'autant qu'une bête énorme a pris possession du monde, une insatiable dévoreuse d'images fraîches : la télévision. La bête a ses exigences. Les images dont elle fait ses repas doivent lui être servies pimentées par une histoire. Le seul plaisir de découvrir la fait bâiller. La bête veut du spectacle. Cousteau va lui en fournir. Pour la nourrir et se nourrir lui-même. Il va scénariser l'univers, créer des personnages, bâtir des sortes d'intrigues, offrir du vrai suspens... Le résultat dépasse les espérances. Le feuilleton de la nature l'emporte en audience sur la plupart des *Dallas* et autres *Dynasty*. Les petits et les grands de toutes races et tous continents se rivent à la vitre dès que

paraît la *Calypso*. De semaine en semaine la planète se révèle à ses habitants. Le gros bocal si
souvent imbécile – je parle toujours de la télévision – s'est changé en hublot.

C'est alors que montent les premières protesta-
tions, qui virent parfois à l'injure. On convoque le
commandant au tribunal de la science. Des
experts, plus ou moins patentés, lui reprochent à
grands cris des erreurs de détail, des raccourcis
mensongers, des approximations inqualifiables...
Des âmes sensibles prennent le relais : le commandant n'aurait pas respecté le libre arbitre des
animaux, il aurait enfermé l'un pour attirer
l'autre, il se serait montré cruel envers nos frères
requins... Les deux réquisitoires convergent vers
une accusation unique, l'immonde péché de
« mise en scène ». Comme si une caméra posée
sur un corail disait plus la vérité que l'œil du pro-
meneur, curieux et nomade, c'est-à-dire injuste.
Vieux rêve de l'enfant quittant à grand fracas son
jardin et puis y revenant à pas de loup pour le
surprendre tel qu'il est dans son intimité de jardin quand personne ne le regarde. À cette illu-
sion de l'objectivité, Aragon a répondu d'une

formule hautaine, l'immoralité même du romancier, je veux dire sa plus haute morale : *le mentir vrai.*

Comme souvent, la guerre n'était pas là où il aurait fallu la mener. Le péril était ailleurs. Comment assouvir l'appétit de l'ogre ? La *Calypso* change de rythme. La promenade émerveillée se transforme en course. Il faut produire, produire toujours plus. Quatre films par an, minimum, et jusqu'à sept en 1989. Plus de cent en trente années. Le résultat s'impose : de l'Amazone au cap Horn, du Nil à Tahiti, de l'hippopotame à la loutre de mer, le commandant nous a donné de notre Terre le plus riche des portraits. Mais cette exploration à marches ou plongées forcées ne va pas sans péril. Celui du sensationnel à tout prix, ou de l'emporte-pièce. Or il faut au mentir vrai des flâneries que la finance ne connaît pas. Le besoin d'argent engendre la hâte, qui n'est pas bonne pour l'œil. À feuilleter ce fabuleux album, on peut se prendre à regretter le regard de Louis Malle et l'ambition du cinéma, c'est-à-dire sa durée, le temps qu'il réclame et prend. La nature est lente, la vérité aussi.

Même Paul Morand, l'homme pressé, l'avait compris : « La première chose qui tombe à la mer, au cours d'une traversée, c'est le temps. »

Après avoir fait au commandant le cadeau empoisonné de la vitesse, la télévision lui offre la célébrité. Autre piège de l'époque, autre risque de quitter sa liberté pour s'emprisonner dans un personnage. Il aurait pu rester dans l'ombre, il choisit d'apparaître. Non à la manière subreptice de Hitchcock, passager clandestin de ses histoires, mais plein cadre et longtemps, afin que nul n'en ignore. Il faut dire que devant l'infinie diversité des sujets proposés, les hommes crocodiles, Bornéo, la marche des langoustes, l'îlot Clipperton, on riquerait d'être pris de vertige si un maître de cérémonie n'ordonnait autour de lui le spectacle. Et le maître lui-même ne serait rien, ou tellement moins, si un détail, un accessoire ne permettait de le reconnaître au premier coup d'œil. Un cigare perpétuel, une moustache tapis-brosse, deux bras qui manquent ou une canne, un melon et une démarche de canard... c'est par des accessoires minutieusement choisis que la notoriété d'un être s'ancre dans les esprits et se change en gloire éternelle. Après Churchill, Staline, la Vénus de Milo et Charlie Chaplin, Cousteau a compris qu'un logo simple est le meilleur ami de l'homme occupé à devenir fameux. Ainsi vient la trouvaille qui hisse le commandant au sommet de l'art le plus moderne qui soit, l'essence même de notre temps, la communication. Quelques mailles de laine, pour saluer notre tradition d'agriculture et d'élevage. Une forme lâche et molle pour signifier, à l'inverse des képis dominateurs, la douceur du projet, sa fraternelle bienveillance envers l'humanité tout entière. Une couleur puissante qui se voit de loin et n'inquiète plus personne maintenant que le communisme est défait. Vous l'avez reconnu, le bonnet rouge est né ! À ce panache débonnaire et flamboyant, les humains de bonne volonté vont tous se rallier. D'autant qu'au bonnet s'est ajoutée une appellation, qui plus est libellée dans la langue dominante : « Captain Planet ».

Tout est prêt pour la phase suivante, l'action politique.

On n'arpente pas les océans sans espérance. Sans elle chevillée au corps, les jours et les jours de mer ne sont qu'un désert.

Quand il débarque à Tahiti, le 2 avril 1768, Bougainville croit rencontrer le rêve de Rousseau : une île peuplée de bons sauvages. Comme tous ses contemporains navigateurs des Lumières, il est parti à la recherche d'êtres humains que la société n'avait pas encore pervertis. Ses récits éblouis enchanteront Paris. C'est habité des mêmes visions idylliques que La Pérouse s'en va, quelque temps après, faire son tour du monde. Son expérience des natifs sera moins douce. Certains de ses compagnons ayant été massacrés, il s'emporte, non contre les agresseurs mais contre les philosophes. Ces gens, dit-il, « qui ont une si haute opinion de leurs rêveries et font leurs livres au coin du feu ». On ne l'entendra guère. Le XVIIIe ne veut pas en démordre : le Bon Sauvage existe, juste de l'autre côté de l'horizon. Écoutons son message : il fait honte à notre civilisation.

Pauvre civilisation ! Deux siècles plus tard, la civilisation a changé, mais nous condamnons toujours. Le Bon Sauvage a disparu de l'iconologie maritime. Le pauvre porteur de pagne a rejoint l'industriel au banc des accusés. Si le second pollue, le premier déforeste. Comme la *Boudeuse* de Bougainville, comme l'*Astrolabe* de La Pérouse, et comme chacun de nos petits navires, la *Calypso* cherche un eldorado, mais elle le veut libre de toute présence humaine. Cousteau radicalise Rousseau. Tant qu'à célébrer l'état de la nature, autant défendre la nature seule.

Avouons que la malheureuse a bien besoin d'aide. Cousteau, avec son habituelle énergie, ne va pas la lui mesurer. Sa notoriété est une arme, un outil, une « clef anglaise », comme il dit. Il va la mettre tout entière au service de la planète martyrisée.

Été 1980. Un mirage surgit dans les vapeurs de la canicule. On dirait un palais surmonté d'un drapeau. Devant la grille d'honneur, la mine impénétrable et le maintien viril, un garde va et vient. Point besoin de lire Freud ou Jung pour interpréter : le commandant a des visions d'Élysée, il songe à la présidentielle. Des montagnes de lettres l'y ont incité et des amis écologistes.

Mais les professionnels de la politique, qu'ils soient Verts ou d'autres couleurs, n'aiment guère abandonner leurs places aux personnages providentiels. L'opération fera long feu. Sans vrai regret pour l'intéressé. Il sait que sa liberté est sa force principale. Il sait aussi que la défense de l'univers n'est pas l'affaire d'un seul pays. Il faut à Captain Planet un terrain à sa mesure, plus vaste qu'un vulgaire hexagone.

1988.

Un matin, en parcourant son journal, Cousteau découvre que trente-trois nations, après six années de négociations secrètes, viennent de signer à Wellington en Nouvelle-Zélande une convention ouvrant l'ensemble du continent antarctique à l'exploitation de ses ressources minérales. Le commandant bondit. Le pôle Sud est notre trésor. À la fois parc naturel, irremplaçable réservoir d'eau douce et grand livre gelé de l'histoire de la Terre. Trésor infiniment fragile où «la vie se cramponne aux limites de la vie». Comment empêcher la ratification de cette convention scélérate? En quelques mois, un million de signatures sont réunies. Mitterrand est enrôlé. Michel Rocard, le Premier ministre français, et son homologue australien signent un moratoire qui engage leurs deux pays.

Cousteau engrange ce premier succès et change de front. Le 4 janvier 1990, sur un bateau loué, il quitte Punta Arenas avec six ambassadeurs, six enfants de dix à douze ans et de toutes les races. Direction le Grand Sud, la baie de l'Amirauté, sur l'île du Roi-George. Orques, pingouins, baleines bleues... Devant ce tableau vivant de nos origines, nos six diplomates bâtissent un igloo symbolique. Bien sûr, des caméras tournent. Le réseau de Ted Turner envoie dans le monde entier ces images de blancheur et de pureté.

Le Japon et l'Allemagne se rallient à la cause. Mais Washington hésite encore. Qu'à cela ne tienne, Captain Planet s'envole pour l'Amérique. Qu'allez-vous y faire? Je vais tancer le maître du monde. Après deux heures d'entretien, le président Bush ouvre sa large main : topons-là. Le Grand Sud est sauvé.

Cette guerre sainte réussie mérite l'analyse. Qu'on le déplore ou s'en félicite, on y trouve tous les traits du nouveau visage de la politique : la puissance de la notoriété, née de la télévision ; la remise en cause des circuits traditionnels de décision et de représentation ; la naissance d'une opinion publique qui se moque des frontières ; l'éveil, encore timide, d'une conscience planétaire et d'une conception patrimoniale de notre Terre ; le souci, balbutiant, des générations futures ; le besoin, grandissant, d'institutions qui correspondent aux dimensions de notre communauté et aux maux qui la menacent...

Cousteau mènera bien d'autres batailles. Contre la surpopulation, contre la déforestation, contre la prolifération nucléaire et autres pollutions, présentes ou futures. Il participera à des centaines d'émissions et de rencontres. De la grande foire de Rio, en 1992, il sera l'une des vedettes. Dix mille experts et cent chefs d'État pour traiter de notre avenir. De la biodiversité en péril, du réchauffement du globe, du manque d'eau potable pour un milliard d'humains. Un rendez-vous sans vraie conséquence. Seulement un début de prise de conscience.

Certains soirs, les militants les plus indomptables baissent les bras. J'imagine Captain Planet, son bonnet rouge jeté sur la couette, saisi par le découragement. J'imagine seulement, puisant dans mes sagacités supposées de romancier. Car rien ne m'autorise à ces inventions. Malgré l'âge ou poussé par lui, le commandant continue de ferrailler comme un jeune homme. Un jeune homme qui n'a rien abdiqué de sa fièvre, même si l'accompagnent de plus en plus les interrogations millénaires, et les réponses des religions.

Un jour meurt Jacques-Yves Cousteau.

Jusqu'alors, la vieillesse tout autant que la mort l'avaient oublié. Peut-être, pour lui appliquer leurs rigueurs, les deux sorcières ne savaient-elles pas où trouver le commandant, bien caché qu'il était au milieu de ses voyages? Il meurt, frappé dans son milieu naturel : au cœur d'un archipel de projets.

Ce jour-là, la même passion l'habitait qu'au temps de son adolescence, le même alliage de curiosité et d'énergie. La première court chercher tous les cadeaux du monde. Par la seconde, un homme s'offre tout entier en échange.

Aujourd'hui, sa femme Francine et la fondation qu'elle anime continuent l'œuvre de vigilance et de découverte. Alors, qu'importent les aigreurs? Quelle existence n'en suscite, surtout lorsqu'elle fut glorieuse et active, jusqu'à la fureur?

Cet homme n'a pas seulement fait rêver les enfants. Il aura donné de la profondeur à la mer et de l'unité à la planète. Qui dit mieux?

Fauteuil, «siège à dossier et à bras», selon votre dictionnaire.

Étrange idée, en apparence, d'offrir un siège à un nomade. Mais la leçon est claire, pour qui veut comprendre. Le voyage dans le temps vaut bien les agitations dans l'espace, et pour aller visiter les années passées, le fauteuil, plus que le lit où l'on dort ou s'épuise, est assurément le navire qui convient. Ainsi vogue le navire-fauteuil et remonte les générations. Avant le commandant s'y était assis un médecin, tout aussi explorateur, même s'il n'avait pas quitté le plancher des vaches. Une autre planète faisait l'objet de son attention : le cerveau humain et sa météorologie, qui dépasse, en fantaisie et en violence, le régime des vents.

Comment expliquer les dérèglements de l'humeur ? La prodigieuse usine chimique à l'œuvre sous notre crâne ne gouvernerait-elle pas les états de notre âme ? Répondre oui à la question, c'est ouvrir une voie immense aux traitements des aliénés. Pendant des siècles, on s'était contenté de les interner. Charcot avait hypnotisé les hystériques, précédant d'autres méthodes aussi incertaines que barbares, comme les chocs électriques, l'inoculation du paludisme ou la lobotomie. À partir des années 1950 naît la psychopharmacologie. Jean Delay en sera l'un des créateurs, inventeur de nombreux médicaments, et du mot même de « neuroleptique ».

Mais le mode d'action de ces substances reste mystérieux. On calme des symptômes sans en connaître la cause. Pour tenter de comprendre le jeu de l'angoisse, rien ne vaut l'observation des êtres humains qui souffrent, comme les patients de la Salpêtrière, et de ceux qui ont réussi à changer en art cette souffrance. Ainsi, Jean Delay se met à scruter la jeunesse d'André Gide, cette lente métamorphose en œuvres de douloureux conflits internes. Une recherche qui suscitera l'admiration d'un autre explorateur et cartographe de l'inconscient, Jacques Lacan. D'autres expéditions mèneront Jean Delay au pays de Rilke, Nietzsche et Kafka... Escales qui, pour n'être pas marines, n'en sont pas moins vertigineuses. Soudain, la retraite venue, il veut plonger, lui aussi, mais dans l'antiquité de sa famille. Une simple lettre d'un ancêtre à un autre, écrite en 1877, lui donne le signal du départ. Il va ainsi, de génération en génération, regagner le xvie siècle, dressant le portrait de tout un peuple. Ni malades ni géniaux, des gens ordinaires et des métiers tranquilles. Après tant de spectacles terribles, tant de déchirures, on imagine l'apaisement d'une telle exploration. Pour cette longue croisière, il lui fallait un allié. Ce sera le *minutier central*, le local où repose un trésor, notre passé, les plus vieilles de nos archives notariales. Le *minutier central*, comment mieux appeler cette merveilleuse machine à naviguer parmi les siècles?

Car le temps est navigable, tout autant que les mers. Et bien des endroits, à condition de savoir les distinguer, nous emportent loin en amont de nous-mêmes. Ainsi les «formes», autre belle appellation. Les formes de radoub, les creux de la terre où l'on construit les bateaux. Dans l'une d'entre elles, à Rochefort, en Charente-Maritime, nous rebâtissons à l'identique la frégate *Hermione* sur laquelle s'embarqua, un beau jour de mars 1780, un jeune homme de vingt-trois ans. Il s'appelait La Fayette. Il allait porter au Congrès des États-Unis naissants le salut de la France et l'annonce de son appui militaire à la cause de l'indépendance.

Je me souviens d'un autre voyage dans le temps. C'était un jour de décembre 1983. Exerçant alors l'étrange fonction de «conseiller culturel», un titre dont le flou solennel aurait enchanté Giraudoux, j'accompagnais le président François Mitterrand dans l'une de ses premières visites au chantier du Louvre. Nous devions contrôler l'avancement des fouilles sous la cour Carrée. Soudain, dans la pénombre, au bout d'une passerelle de planches, surgit une muraille humide, de gros moellons mal joints, la base d'une énorme tour.

– Le donjon de Philippe Auguste, dit l'archéologue.

Le président avança la main. Il avait pour les surfaces, de pierre ou de bois, des sortes de tendresse, des possessions légères... Il demeura quelques instants silencieux. Puis, se retournant vers nous :

– Voici l'État. La France moderne est née là.

Tellement heureux d'avoir rejoint le club de ceux qui la font, François Mitterrand avait la passion de l'Histoire. Soudain, au beau milieu d'une discussion technique et très contemporaine, il s'évadait et nous entraînait à sa suite dans la pensée de Richelieu ou les stratégies de Clemenceau.

Je me rappelle l'émotion qui tous nous étreignit devant cette muraille. C'était comme si, sous le sol de Paris, il nous était donné de remonter plus de huit siècles en arrière et d'assister à la fondation d'une nation qui était la nôtre.

J'étais entré à vingt-cinq ans dans la fonction publique, pour enseigner. Et voici que par le cadeau de la vie et la bienveillance d'un tout-puissant, je me trouvais à la source de notre aventure commune.

Rien de tel qu'une pareille rencontre pour ancrer en soi cette passion démodée : l'amour de l'État. Luxueux amour à la place où je me trouvais, avec la tâche qui était la mienne et les êtres qui m'entouraient. Paul Guimard, le géant sagace, le seul de notre petite cour à demeurer libre devant le Prince. Jacques Attali, le grand frère si doué qu'on en oubliait d'être jaloux. Chaque matin, il nous présentait une nouvelle idée pour changer la vie, notre rêve à l'époque. Ieoh Ming Pei, le Chinois d'Amérique, mon professeur d'œil. Émile Biasini, aux côtés de Malraux l'homme des maisons de la Culture, le bâtisseur indomptable et madré. Sans oublier le trio du Louvre : Hubert Landais, mon jumeau du 22 mars, Michel Laclotte tout de fièvre et de fidélité, et Pierre Rosenberg, déjà.

En participant à la grande aventure, j'avais le sentiment physique, tactile, de tisser la France du passé avec celle de l'avenir. L'émotion de me dire, lors de certaines procédures forcément fastidieuses ou de débats budgétaires tendus où s'affrontaient celui qui est devenu ministre, Christian Sautter, et celui qui, après avoir tant fait, peste fort de ne l'être plus, Jack Lang, l'émotion de me dire qu'en préparant mes petites notes d'arbitrages, j'entrais dans la lignée de tous ces anonymes qui, depuis huit cents ans, avaient fait le Louvre.

Fonctionnaire j'étais, fonctionnaire je demeure, examinateur de requêtes, modeste diseur du Droit. Fier d'appartenir à une maison, un autre donjon qui plonge presque aussi loin dans les profondeurs du temps français que celui de Philippe Auguste, le Conseil d'État. Un Conseil où la prose est parfois quelque peu lourde, avouons-le. Mais soudain, sans prévenir, elle prend son envol et s'élève jusqu'à des puretés raciniennes. Lorsqu'elle chante, par exemple, « l'effet dévolutif qui s'attache à l'appel ».

Celui qui partage son existence entre l'écriture et le service de l'État noue avec son pays une intimité singulière. L'écriture est une paysannerie, où l'on cultive sa langue. Quand à l'État, en France, il entretient depuis toujours avec la Nation des relations étroites voire incestueuses.

C'est dire si les gens de ma sorte sont particulièrement concernés par les interrogations d'aujourd'hui.

Quel est l'avenir de l'État, grignoté d'un côté par le pouvoir montant des régions et de l'autre par l'accroissement du champ communautaire?

Qu'est-ce qu'une nation quand ses définitions anciennes, la frontière, la monnaie ou l'indépendance militaire, ne sont plus pertinentes et quand d'autres espaces de solidarité lui font concurrence?

Et qu'est-ce que l'Europe, une ambition ou une résignation?

Il y a quatre jours, nous étions appelés à voter. Les esprits logiques pensaient que des élections européennes étaient une bonne occasion pour nous entretenir... d'Europe. Mais la politique a des logiques que la logique ne connaît pas et certaines lâchetés que la rouerie impose. Sur toutes ces questions, les principaux responsables se firent un devoir de n'apporter aucune réponse.

Les grands choix sont devant nous, qui n'iront pas sans déchirures. Est-ce une raison pour faire commerce de la nostalgie ? Aimer son pays, et dans le même temps bâtir l'Europe. Dans la sphère publique, comme dans la vie privée, les conflits de fidélité sont la marque plutôt joyeuse que l'époque est riche. Et l'existence aussi.

Décidément, le siècle prochain ne va pas manquer de sel.

Maintenant que vous m'avez élu, seulement maintenant, prudence oblige, j'ose vous avouer qu'avoir vingt ans en 1788 ne m'aurait pas déplu.

Certains capitaines ont pour destin de sombrer avec leur navire. Tel Joshua Slocum, l'ancêtre de nos solitaires, le premier à avoir bouclé sans aucun équipage le tour de la Terre : il disparut corps et biens presque en face de chez lui, après avoir traversé les pires périls, du détroit de Magellan au cap des Anguilles...

D'autres, en partant, ont la générosité de nous laisser leur bateau. Comme s'il nous appartenait désormais de continuer leur rêve. Ainsi, la *Calypso*. Elle nous attend sur le port de La Rochelle. De même *Pen-Duick*, à l'embouchure de l'Odet.

Il y a un an, un an et cinq jours, la colère d'un grément balançait par-dessus bord un marin de légende. Personne ne crut à sa fin. L'homme avait le génie des réapparitions. Comme en 1976, souvenez-vous. Bien caché dans la brume et radio débranchée, tout le monde avait perdu sa trace. Il ne resurgit que sur la ligne, pour remporter sa deuxième Transat.

Les jours ont passé et l'horizon reste vide.

Cet homme aussi nous avait inspiré des périples, casaniers français que nous sommes, si «culs de plomb», comme disait de nous Jules Verne. Lui aussi avait rappelé à la France le cadeau qu'est pour elle la mer. Mais il avait en propre d'autres qualités, plus rares. Invité par le général de Gaulle à partager son déjeuner, il décline, je cite le mot d'excuse, «pour raison de marée». Inoubliable leçon d'indépendance pour tous les courtisans, dont je fus. Son autre leçon s'adresse aux bavards, dont je suis : à vos dépens vous l'avez aujourd'hui vérifié. D'Éric Tabarly, c'est peu dire qu'il n'aimait pas dire. Son mutisme amusé faisait honte à nos papotages.

Une fois encore, remerciez-le : en saluant ce grand taiseux, je me force à conclure.

Non sans avoir dit ma gratitude aux trois qui m'ont fait.

Ma mère, ici présente, qui m'a transmis la passion des histoires, la magie de ces quatre mots : il était une fois.

Mon père, ici présent, qui m'a fait cadeau d'une île et du besoin de mer.

Et Jean Cayrol, que je verrai demain, Jean le grand, le si malicieux, le si généreux : il m'a donné la confiance.

Face au quai Conti, le plus beau des embarcadères, Ousmane Sow le Sénégalais expose ses géants. D'innombrables Parisiens viennent de jour leur rendre visite et je crois que beaucoup reviennent la nuit pour tenter de percer le secret de leur force muette. Bien de ces visiteurs, j'imagine, partagent mon rêve : que s'allonge jusqu'à l'Afrique le pont des Arts pour ne pas perdre la piste de ces humains plus qu'humains. C'est en saluant l'Afrique que je voudrais achever cette promenade qui n'est, pour vous remercier, qu'une collection d'hommages. L'Afrique que deux femmes ici représentent, mesdames les ministres Henriette Diabaté de Côte d'Ivoire et Aminata Traoré du Mali. Contre tous les protocoles, qu'elles sachent que je les embrasse. L'Afrique où depuis vingt-cinq ans je vais chercher sans cesse des leçons de rire, de fidélité, de vaillance et de mystère. Des leçons de religion, aussi. Ne me prêtez pas de goût pour je ne sais quel mysticisme tropical. Rappelons-nous seulement l'étymologie de *religion*. Trois mots latins : *religio* (l'attention scrupuleuse), *relegere* (recueillir), *religare* (relier). Regarder le monde avec une attention scrupuleuse, recueillir et relier. La devise de l'écrivain.

Merci.

Réponse
de
M. Bertrand Poirot-Delpech

Monsieur,

De toutes les traditions littéraires qu'a honorées l'Académie depuis plus de trois siècles, il en est une où la France a souvent excellé, sa langue l'y inclinait naturellement, mais dont nous nous défendons, dont nous rougissons, même, comme si nous la jugions inférieure au sérieux de nos voisins, comme si les dernières périodes à l'avoir cultivée, la Belle Époque et les Années folles, nous semblaient coupables des tragédies qui suivirent... je veux parler du trait de caractère et de la tournure d'esprit qu'ont illustrés les académiciens La Fontaine, La Bruyère, Perrault, Marivaux, Dumas, de Flers, Rostand, Pagnol, Romains ou René Clair, sans parler des vivants, des bons vivants qui vous entourent, et ceux qui ont oublié de venir à nous ou que nous n'avons pas eu le temps ou l'idée d'appeler, de Molière à Sacha Guitry, de Jean Giraudoux à Marcel Aymé et Raymond Queneau, de Boris Vian à Roger Nimier et Antoine Blondin... Je veux parler de ce génie – ennemi du pesant mais non de la profondeur, dont il est la politesse – et qu'on pourrait appeler : la bienheureuse *lé-gè-re-té* française !

Parce que vous descendez en droite ligne de cette famille de charme, vous nous dispensez des prouesses de gravité, des escalades de concepts, auxquelles nous exposent parfois nos discours de réception. Soyez, à votre tour, remercié de cet avant-goût des vacances proches. Papillon, ludion, Arlequin : toutes les figures du bondissement et du chatoiement dont on use à votre propos vous conviennent. Encore que votre allégresse recouvre du sérieux et, nous le verrons, plus d'une utopie, tordons le cou, cet après-midi, à la grandiloquence où se complaît l'époque et que condamne toute votre œuvre ! Si je devais vous présenter, ce dont la foule de vos amis et lecteurs n'ont que faire, je dirais qu'avec vous l'Académie accueille, avant tout, un amoureux fou de la vie, sous toutes ses formes, et des mots pour la célébrer.

Cet état de grâce, vous le tenez d'abord de votre âge. La détestation chevrotante du monde, qui nous guette tous, vous n'êtes pas près d'y tomber. Nouveau benjamin du Quai Conti - oh, vous ne le resterez pas longtemps, rassurons-nous, je l'ai été, je sais à quelle vitesse ces privilèges-là nous faussent compagnie, c'est le cas de le dire ! -, vous avez l'insolence de nous rejoindre à... cinquante-deux ans ! Certes, il fut un temps où des abbés de cour siégeaient parmi nous dès la vingtième année. Mais ils n'attendaient pas la quarantaine pour se changer en fauteuil - qui est notre manière à nous de trépasser. L'espérance de vie s'est allongée du double, et elle gagne un mois par an. Les candidats, que vous allez vite repérer à certaines gracieusetés nouvelles, devront donc en prendre leur parti : vous voilà dans la place pour un bail ! Du moins avez-vous le tact, dans votre effronterie, de nous arriver un rien dégarni du chef. Ainsi éviterez-vous de faire mentir une plaisanterie qui nous comparait naguère à la contenance inscrite sur les wagons à bestiaux : «Hommes : quarante ; chevaux, en long : huit»!

Au lieu d'aligner des rangées d'arrière-petits-enfants endimanchés, comme c'est l'usage, et regardant leur montre, quand ils ne la portent pas à l'oreille pour savoir si elle marche encore, vous avez l'audace d'asseoir devant nous, outre des enfants encore gamins, papa et maman, plus jeunes que beaucoup d'entre nous, et à qui le Gabriel de vos romans prête un solide appétit de la vie.

Cette présence exceptionnelle de vos géniteurs invite à varier le «*Vous naquîtes, monsieur*» qui ouvre rituellement nos éloges. Étant venu au monde la veille du printemps 1947 – avec trois jours de retard, nous l'apprendrons dans votre livre *Deux Étés* –, je suis fondé à proclamer : «*Vous fûtes CONÇU, monsieur*»,... le 17 juin précédent. Parfaitement : votre entrée sous la Coupole coïncide avec l'anniversaire, *aujourd'hui* même, de votre procréation! Et à l'*heure près*! À la minute, peut-être, puisque la chose se passait à l'île de Bréhat, par une marée de 108, et que le bas de l'eau, les jours de fort coefficient, tombe en Armor, comme nos séances, à l'heure de la sieste, moment béni où les parents se retrouvent enfin seuls à la maison, les enfants étant partis pousser le haveneau, en troupe, dans les flaques à crevettes.

Vos ascendances sont de celles qui se complètent et s'enrichissent. Côté maternel : le Luxembourg, le Saumurois, bref la terre, dont on nous a appris qu'elle ne ment pas, mais aussi qu'elle porte à inventer des contes. C'est de votre mère que vous tiendrez le goût des « *il était une fois* », si doux à entendre, pour l'enfant, si difficiles à continuer, pour l'écrivain. Les hommes, eux, vous rattachent aux aventures lointaines, la Caraïbe, Saint-Domingue, l'Amérique latine, d'où presque tous vos romans feront surgir un oncle à anecdotes et à accent, comme dans les opérettes. Mais votre port d'attache, votre escale primordiale, la matrice de vos rêves, c'est l'île bretonne de Bréhat, ce dédale de granits roses et de courants vert émeraude au large de Paimpol. C'est là que la tribu Arnoult, votre patronyme pour l'état civil, se retrouve chaque été depuis 1880 par tablées de trente, avec ses maris ingénieurs, ses enfants en cirés jaunes, ses non-dits et sa messe dominicale suivie de pommé tiède. L'enfant de chœur que vous fûtes – on l'imagine de l'espèce farceuse – perdra la foi, dites-vous, mais non le souvenir de l'histoire sainte et de l'Église, si pleine de rebondissements comme vous les aimez.

La logique aurait voulu qu'après la khâgne vous vous destiniez aux études de lettres. Si vous préférez «Sciences-Po» et un doctorat d'économie – votre thèse, jugée par Raymond Barre, portera sur les mouvements de capitaux à court terme! –, si vous choisissez d'enseigner cette économie à Paris-I et rue d'Ulm, puis de conseiller en ces matières le ministère de la Coopération, si vous rejoignez au Conseil d'État, en 1985, des écrivains comme Françoise Chandernagor et Marc Lambron, c'est que vous aimez trop la littérature pour la dessécher en objet de concours et d'enseignement, alors que les réalités financières et la rhétorique du droit vous aideront à nourrir vos livres, à les ordonner, comme on classe en botanique, comme on dessine des jardins.

N'allez-vous pas présider le Centre de la mer et l'École du paysage, rêveuses fonctions dont Giraudoux lui-même n'eut pas l'idée?

L'auteur d'*Électre* écrivait trop français, jusqu'à se rendre difficilement traduisible en d'autres langues, pour ne pas décider en partie de votre seconde vocation, et bientôt la première : l'*écriture*, comme inventaire, métaphore et arabesque du monde. Autres influences : La Fontaine, Saint-Simon, Stendhal, pour la luminosité classique ; et pour le picaresque baroque : Cervantès, Dumas, García Márquez, Nabokov. N'oublions pas Julien Gracq, si admiré que vous empruntez au *Rivage des Syrtes*, avec sa permission, le pseudonyme d'Orsenna, qui vous rendra plus libre de mener vos deux carrières. Un nom de ville, remarquons-le, et non de personne, de ces cités mythiques que l'on quitte sans esprit de retour, comme La Valette, Raguse, ou comme le début d'un conte – tout un programme.

Comme souvent les premiers romans, *Loyola's Blues* pose un thème qui se retrouvera plus tard chez nombre de vos personnages, et vous rendra reconnaissable : la passion de séduire, telle qu'elle va souvent de pair avec l'ambition politique.

L'appétit amoureux de Vauban, votre héros, le tenaille d'autant plus qu'il a été rudement brimé. Comme vous, il a été élève des bons Pères, chez qui la chasteté restait une des valeurs refuges de la bourgeoisie. L'ambition politique est attestée, quant à elle, par la signature même du livre, daté, en 1973, des jardins de l'Élysée, non sans prémonition puisque vous hanterez vous-même ces jardins dix ans plus tard. Vauban compte bien que l'y mèneront, sinon ses minces mérites militaires pendant la guerre, du moins son observation des trafics en tous genres de l'Occupation. Car vous lui donnez vingt bonnes années d'avance sur vous. Comme votre contemporain Patrick Modiano, vous trouvez les années 30-40 d'avant votre naissance plus propices que la suite à ce qui deviendra votre marque, votre famille, et que j'appellerais volontiers : le «roman narquois».

L'envie d'atteindre les sommets de la société ne vous intéresse pas au premier degré, comme chez Rastignac ou Lucien Leuwen; ni pour vous-même, encore que votre présence sur ces banquettes, dans cet attirail, ne traduise pas, vous l'admettrez, un dédain radical des consécrations. Mais ce sont les calculs dérisoires du carriérisme qu'il vous amuse de tourner en fausse épopée, de traiter en sotie, comme disait Gide de ses *Caves du Vatican*. Si la débâcle de juin 1940 a rempli vos aînés de honte et de rage, vous êtes de ceux à qui elle a légué un mépris tenace pour ces fantoches d'adultes, y compris pour les adultes que nous sommes, que vous êtes, devenus.

Le comique de l'ambition cesse d'être un hasard, dès lors que votre deuxième roman, *La Vie comme à Lausanne*, y revient, dans le cadre, encore plus risible, de la Quatrième République. Alors que sa mère le voit « Grand Poète », nouveau Byron, fils apocryphe d'Apollinaire, Charles-Arthur vit la drôle de guerre enterré sous la ligne Maginot, et ne rêve plus que d'être élu au centre, là où la France passera pour vouloir être gouvernée. Que sa biographie et sa vie même ressemblent à la Suisse, rythmées par le coucou : tel est son drôle d'idéal. Je débutais comme critique, il se trouve, quand a paru cette parodie de roman de formation. J'ai été un des premiers à exprimer ma jubilation. C'est dire comme je me réjouis de revenir saluer à nouveau vos premiers pas sous cette voûte; une situation d'autant plus délectable que nos humours, proches, ne l'avaient pas envisagée!

Mon article évoquait le saugrenu, le pince-sans-rire, de Roger Nimier, dont ce roman allait vous valoir le prix 1977, Nimier qu'on aurait bien vu à ma place pour vous recevoir, si la route ne lui avait arraché sa copie, à peine commencée. La scène de la roseraie plantée entre les casemates de la ligne Maginot se relit comme un morceau d'anthologie. Elle éclaire votre façon de faire, qui est de pousser au grotesque des faits véridiques avec un sérieux qu'on dirait de pape, s'il n'était plutôt anglican, je veux dire : britannique. Par différence, on y perçoit le prix que vous attachez au bonheur privé, tant vous semblent à pouffer de rire le succès public et ses flonflons.

Une comédie française clôt ce qui ressemble, avec le recul, à une trilogie burlesque de l'arrivisme politique, dont le souci prétendu de l'intérêt général cache mal la jouissance de commander, de se croire l'élite. Cette fois, l'actualité glisse vers 1958 et son changement de République. La contraception balbutiait. Les grands personnages roulaient en Hotchkiss et en DS. C'était le temps, qui paraît si loin, où les communistes quêtaient pour fleurir la tombe de Staline ou conspuaient le général américain Ridgway, ancien de Corée et nouveau commandant de l'OTAN – déjà elle. Les familles «faisaient» l'Espagne, en «Frégate». On pataugeait dans le non-mémorable. Par contraste, les pubertés prenaient figure d'épopées, et de légendes les premières amours de séjours à l'étranger qui ne s'appelaient pas encore «linguistiques». Barbie était un nom de poupée, pas encore de tortionnaire. Les familles Fenouillard des Trente Glorieuses regardaient sautiller les «Actualités» où les ministres, sur des perrons, lançaient à la caméra des sourires entendus et perplexes. Qu'est-ce que l'Histoire, finalement, sinon des nouvelles que crachote la TSF, à l'heure où nos joies intimes nous les rendent, ces nouvelles, plus qu'incongrues : indifférentes?

J'oubliais : déjà et encore, Bréhat est là, avec ses amers, ses amours, ses cris de plage, sa vase dans les sandales, ses mères qui tricotent, ses pains d'épice où le sable se colle, et ses lèvres bleuies qui tremblent à la sortie du bain. Faire sa réaction : telle était la grande affaire française, en ces années-là, dans l'Ouest!

Surviennent huit ans de silence. Quand un écrivain fait ainsi retraite, le milieu l'attend avec une escopette. Le risque de décevoir menace, surtout si les premiers livres ont brillé par leur champagne et leur brièveté. L'espièglerie adolescente des débuts supportera-t-elle la longueur attendue d'un professionnel devenu quadragénaire? La traversée transatlantique d'une saga de six cents pages tiendra-t-elle la promesse des régates en bélouga entre trois bouées? Pari gagné, puisque l'humour potache a soutenu la distance de *L'Exposition coloniale*, et... séduit plus d'un million de lecteurs!

Sans sacrifier au *sérieux*, le culbutot en caoutchouc à quoi l'auteur compare son héros Gabriel, et à quoi il se compare lui-même en tant que romancier du rebondissement, a été lesté, pour l'occasion, de significations moins volatiles. Le siècle entier défile, et non plus ses seules marionnettes. L'essor industriel et l'aventure coloniale y prennent le poids de personnages centraux. L'art de la pirouette, celui d'une fresque réaliste.

La banlieue nord-ouest de Paris en est le berceau. Outre Céline et Arletty, elle a vu naître l'automobile et ses accessoires, qui furent, avec l'Empire, les grands rêves du siècle en train de finir. L'hévéa d'Indochine et le pneu auvergnat mériteraient de se partager le blason français.

Louis, le père de Gabriel, est poussé par sa mère à administrer nos chères colonies. Mais deux autres vocations le requièrent : le bricolage en affaires – la mode de la communication en tous genres lui ira comme un gant – et le bonheur en amour, avec cette singularité qu'il aimera à la fois deux sœurs, plus adorablement fantasques l'une que l'autre. Ce serait le pire des supplices pour qui s'obligerait à choisir entre elles. Mais quoi de plus délicieux si les trois intéressés se révèlent trigames dans l'âme! Ce fut le cas pour Freud, après tout, sans l'aide d'un divan. Clara et Ann deviendront presque centenaires, sans rien perdre de leur ingénuité libertine. Avec un talent consommé pour vivre et faire vivre des moments rares, la narration saute d'un lit à l'autre, de Londres à Clermont-Ferrand, d'un paquebot à un circuit automobile, des odeurs de serre à celle des moteurs surchauffés, des airs de *fox-trot* au chant des boîtes de vitesses de Traction-Avant...

Le tout drôlement dit, dans un doux mélange d'insouciance et d'angoisse, d'ébriété et d'ardeur, à la manière entêtante des cocktails d'alors; comme si le moteur de ce siècle n'avait pas été l'économie, que vous connaissez si bien et que vous sous-entendez si finement, mais le goût de l'instant qu'inspirent souvent les veilles de catastrophe, goût en quoi communient le père et le fils, soudés par une tendresse adolescente qui reste un des souvenirs exquis du livre.

Le prix Goncourt 1988 a couronné ce coup de maître. Vous l'avez reçu avec la bonne grâce chanceuse qui vous caractérise, et qui augurait bien de votre venue parmi nous, du premier coup, facile, consensuelle, à votre image. La meilleure façon de négliger les récompenses et les honneurs, si l'on trouve chic de ne pas avoir l'air d'y tenir, c'est encore de les avoir, et, tant qu'à faire, comme vous ce soir, comme les mousquetaires chers à votre enfance : de les avoir sans tarder, avant les autres, flamberge au vent!

Était-ce un honneur, un cadeau, de se voir confier quelques projets de discours par le président de la République, vers 1983? Plutôt une source de malentendus. Comme tout écrivain qui se frotte aux faiseurs d'Histoire, Histoire avec majuscule et sans «S», vous en tirez un livre, *Grand Amour*; selon votre pente, c'est-à-dire en fantaisiste aimant galéjer et, seconde nature oblige, courtiser les dames.

Le signataire de vos brouillons aurait mal pris vos nasardes, dit-on, et, à sa suite, quelques courtisans. L'offense était pourtant moindre que d'écouter aux portes, de se draper dans la déception, de s'approprier des secrets d'État ou de tourner casaque au galop, comme d'autres conseillers. Nous touchons là à un de nos travers nationaux : en France, les études, les talents et les envies dont on fait les hommes politiques et les écrivains ont souvent été les mêmes, et aujourd'hui plus que jamais. Par la suite, les deux corporations croient pouvoir se fréquenter, se prêter la main ou la plume ; alors que tout, au fond, les sépare. Quoi de plus contraire que l'obsession de récolter des voix, chez le politique, et celle, chez l'écrivain, de trouver un ton ! Il n'y a pas d'allégeance au Prince qui vaille, pour qui n'a de compte à rendre qu'à son style. Trop de grands aînés y ont perdu leur temps et, sinon leur âme, de leur verdeur, si ce mot ne jure pas devant tant de ramages assemblés.

C'est la noblesse des artistes, et leur sauvegarde, de demeurer intraitablement indociles. Au demeurant, votre rébellion de « nègre » a connu des précédents augustes. Rappelons-nous le saint patron des souffleurs de génie que fut Cyrano de Bergerac, de votre désormais confrère Edmond Rostand ! Souvenons-nous de l'aplomb avec lequel l'écrivain Charles de Gaulle revendiqua, dans les années 30, la paternité d'un traité militaire signé de son ancien colonel devenu maréchal ! Qui sait si ce contentieux n'était pas encore présent à leur esprit, quand s'ouvrit entre eux le différend que l'on sait, nettement moins «gendelettres»!

On ne peut exclure que les chefs d'État devenus tels après s'être rêvés écrivains se vengent de ceux qui ont persisté en les distrayant de leur œuvre par des corvées obscures ou des charges flatteuses. N'a-t-on pas dit que la reine Christine avait «tué» Descartes en l'appelant à la cour de Suède? Vous avez survécu aux lambris, quant à vous, et sans y laisser de «tags» : juste quelques croquis comme on en crayonne sur un buvard quand des raseurs téléphonent, et, bien entendu, quelques cœurs percés d'une flèche, comme partout où vous passez; avec l'excuse que les Quatorze Juillet de l'Elysée, je l'ai observé, invitent aux tours de parc galants, plus qu'aux plans sur la comète, sinon aux plans de carrière.

Des tours et détours, votre livre suivant en est plein, comme il est normal sur une île – car, qu'y faire d'autre, hors saison! Absent de *Grand Amour*, votre cher Bréhat se rattrape dans *Deux Étés*, qui s'y passe entièrement. La passion de la mer se marie avec toutes les autres, hormis celle du grouillement citadin, qui n'est pas des vôtres, tandis que vous ont toujours enchanté, séduit, inspiré, la prose effervescente de Nabokov, et l'art méconnu de la traduction. Vous voilà lancé dans un nouveau ménage à trois, entre la chronique d'une île en hiver, le souvenir d'*Ada ou l'Ardeur*, et les difficultés qu'éprouve à le traduire un nommé Gilles, en qui on serait tenté de reconnaître Gilles Chahine, traducteur effectif du roman pour Fayard, où il parut en 1975.

Bien que notre époque succombe sous les commémorations, elle n'a guère fêté le centenaire de Nabokov, né en 1899. L'auteur du trop célèbre *Lolita* (trop célèbre parce qu'à ce point le succès masque les vrais mérites, qui sont affaire de chuchotement), Nabokov appartient aux écrivains pour *happy few* dont rêvait Stendhal. Vous êtes de ses fervents, à cause de la ferveur, justement, de sa passion bizarre pour les éruditions inutiles, les noms de plantes imprononçables, les souvenirs indistincts, le mordoré d'une vitrail de véranda ou d'une aile de papillon. Mort en 1977, Nabokov a eu le temps de souhaiter que la traduction française d'*Ada* eût un goût « de loukoum ». C'était épaissir le mystère sous couvert de l'éclaircir – sa spécialité.

Restituer cette littérature, délicieusement brouillée comme l'horizon d'un matin de nordet, demande autant de patience et de poésie que pour attraper en plein vol nuptial un Orsenna mâle tournoyant dans le faisceau du phare de Rosédo. Fayard s'inquiète des lenteurs de Gilles. Les voisins sont mis à contribution. Ils y vont de leurs restes d'anglais et d'équivalences erratiques. La torpeur gagne. En de tels lieux, tout est occasion de différer la tâche : les nouvelles du microclimat, qu'on voudrait dû au Gulf Stream, le riz au lait du mercredi, la thèse d'un autre îlien sur un amour secret de Stendhal, les bavardages chez l'épicier, la voix de Borges grésillant sur la bande radio des chalutiers, la badauderie des touristes d'un jour, l'immanquable pêche à pied, la délivrance de la dernière vedette pour le continent, la blondeur des jeunes mamans, le clapotis des syllabes...

On songe à Gide visitant Paulhan et Arland dans leur thébaïde de Port-Cros, pour parler NRF, et affolant tout le voisinage au sujet d'une vipère qu'il sait pertinemment ne pas avoir vue. Il n'est pire manière de faire travailler des écrivains que de les enfermer sur une île. Tout y est prétexte, pour ces velléitaires-nés, à refermer le capuchon du stylo et à marcher jusqu'au phare. *Deux Étés* fournit une des définitions possibles d'un bon roman : un récit sans cesse retardé par des digressions... qu'on n'a pas envie de sauter.

J'ai parlé en commençant de votre légèreté d'être, rien moins qu'insoutenable, comme dirait Milan Kundera, et même volontairement soutenue. Votre dernier livre paru l'an dernier, *Longtemps*, apporte à cette légèreté un bémol, comme on dit maintenant, signe, en musique, du passage en mineur, le ton du chagrin. Vous quittez en effet la comédie systématique et prenez le poids dont on vous croyait ennemi. Avec leurs serments trop intenses, vos personnages devenaient suspects de surjouer la passion – autre image de nos nouveaux maîtres à penser, les gens de spectacle –, faute de ressentir vraiment. Il leur manquait d'avoir souffert d'un amour contrarié. C'est l'expérience douloureusement salutaire que va faire votre Gabriel, rescapé de *L'Exposition coloniale*, avec l'apparition, dans sa vie de botaniste insouciant, d'une irrésistible Italo-Russe, «à tomber», diraient nos enfants, douée de tous les charmes, y compris de n'être pas de son époque. Alors qu'on se met au lit, de nos jours, avant de savoir si on le souhaite vraiment – «*on récite du Pétrarque avant, ou on se couche d'abord ?*» –, alors que, si «*la chose s'est passée hyper-bien*», on appelle dès le lendemain le conjoint sur son portable pour parler divorce et régler les gardes d'enfants du week-end, l'Italo-Russe lâche cette annonce sans âge et sans réplique : «*J'ai ma vie, Gabriel, je n'en changerai jamais.*» Quoi de plus «*ringard*», en effet!

Si elle a décidé que sa liaison avec Gabriel serait secrète ou ne serait pas, c'est, dit-elle, «au nom de la Loi»; non pas la loi de tous que l'on subit, celle que l'on se donne en cachette, comme on dit qu'on se donne de la joie. Comment sauver l'adultère des hypocrisies qui y deviennent aussi routinières, très vite, que le conjungo? Gabriel, qui a le sens du théâtral, en mettra dans le moindre cinq-à-sept, avec pour alliés l'espace («*rendez-vous à Séville, demain, pour dîner!*»), et le temps, qui anoblit tout, même les tromperies à la sauvette – surtout si la sauvette dure trente-cinq ans. Le moment venu, Gabriel se retrouvera plus veuf que nature, nanti d'une gaîté inconsolable, miraculé de l'éternelle attente. Qui a dit que le meilleur moment de l'amour, c'était la montée de l'escalier?

Sous cette coupole, c'est plutôt la descente de notre échelle de meunier, là-bas, derrière, qui fait battre le cœur, au rythme des tambours – bien que leur roulement, le saviez-vous? soit celui qui accompagnait la montée des ci-devant à la guillotine.

Ce serait vous trahir, monsieur, que de passer sous silence ce qui mène votre imagination, baigne votre style et enchante votre public : un goût insatiable de la femme, qui vous inspire des gourmandises de chat devant sa soucoupe, qui tient, je pèse mes mots, de la frénésie. François Truffaut, votre frère en fanatisme sur ce point, disait du cinéma : c'est l'art de filmer en gros plan des femmes sublimes. Vous êtes de ceux qui appliqueraient volontiers cette définition à la vie, comme aux livres ; de ceux qui ne peuvent s'empêcher de remarquer la jupe seyante de la sœur cadette, dans les mariages, fût-ce le leur. Vous formez – nous formons, allez, et nous ne sommes pas tout seuls ici même ! – une grande famille (il n'est pas déplacé de l'évoquer ailleurs, pourquoi le serait-ce en ces lieux ?), famille dont les derniers représentants littéraires seraient Henry Miller, Audiberti ou Philip Roth...

Je limite exprès mon énumération à des disparus et à des étrangers car, par les temps qui courent, elle pourrait tourner à la délation, l'idée fixe d'admirer et de courtiser – appelons-là : idée –, risquant de devenir délit de harcèlement, même de ce côté-ci de l'Atlantique et de la Manche. La question terrifie désormais nos relations quotidiennes, en attendant d'encombrer les tribunaux : est-elle bien respectueuse, honnête, licite, pour tout dire : «correcte» – ajoutez-y n'importe quel adverbe américain qui vous chante – la jouissance qui est la vôtre, et qui a rendu le XVIIIe siècle si ravissant, si délicat, tellement civilisé, de s'attarder au spectacle de la beauté féminine, de baptiser une nouvelle venue : «la Pimpante», «la Suave» ou «la Déchirante», comme le firent Crébillon ou Laclos, comme allait le faire Linné pour classer les liliacées? Si nommer, c'est déjà poser la main et vouloir prendre, nous avons élu, je le crains, un prédélinquant; pis : un dangereux récidiviste, au casier lourd.

À suivre Vauban, Charles-Arthur et Gabriel, la gent féminine se partage en deux catégories. Non pas selon le critère d'inégale faroucherie auquel pensent nos auditeurs mâles à l'esprit mal tourné, mais en fonction de deux vêtements types vus par un collégien moyen du dernier demi-siècle : la robe bleue à plis, façon sœur d'élève, et le tailleur grège modèle mère-de-pensionnaire-aperçue-au-parloir, ou ce qui revient au même, épouse de ministre – épouse d'un deuxième mariage, s'entend. Pourriez-vous jurer, monsieur, que vous n'avez pas déjà attrapé au moins un spécimen de chaque sorte, ici même, dans le filet à papillons de vos lunettes de collectionneur? Non pas en lisant votre discours, bien sûr, vous auriez risqué le trébuchement ou le lapsus, mais maintenant que vous voilà quitte pour écouter, fût-ce des compliments, ce qui, on ne sait pourquoi, favorise plutôt l'attention.

Faites un tour d'horizon, discrètement. Pas à l'est, on vous verrait vous tordre le cou et perdre vos boutons de col. Vers l'ouest, plutôt, dans les haubans, au 270 compas, en prenant l'air ailleurs ; vous ne voyez rien ? Pas la moindre robe bleue, pas l'ombre d'un tailleur grège ? Vous êtes sûr ?

Où serait le mal ! Si l'on y regarde bien, et révérence parler, la disposition de cette ancienne chapelle évoque moins des élans de piété que les bals au château, où il était séant de s'observer en vis-à-vis, de faire tapisserie, disait-on, si possible pas trop longtemps. Supposez – je pastiche de l'Orsenna, pour faire ressemblant –, supposez que la garde républicaine se lance à cette seconde dans une mazurka ou, bouchant ses trompettes, dans un *slow*, pourquoi pas *Loyola's Blues* ?, la piste a beau manquer de diamètre, vous n'imaginez pas les personnalités s'invitant à danser, d'une courbette, les couples, un à un, se formant, les mères s'enquérant des rangs de perles des débutantes et, chez les cavaliers, de leur rang de sortie aux Grandes Écoles?

Il est vrai que vous avez personnellement placé vos pions. Vous avez profité de la récente mixité académique pour vous trouver, en guise de parrain... une marraine. Ça commence! Je vois déjà les titres de la presse *people* : «*FLIRT QUAI DE CONTI! À peine toléré dans le Dictionnaire comme «relation passagère et qui peut rester platonique», le FLIRT fait son entrée sous la Coupole! Érik Orsenna y a ouvert le bal!*» Si je m'écoutais, comme au vieux temps des «boums», je préviendrais certains de mes confrères, les Jean-Marie, Jean-Pierre, Jean-Denis, Jean-François, sans oublier les Jean tout court : «*Celui-là, l'Érik, va falloir l'avoir à l'œil!*»

Trêve de fantasmes chahuteurs, qui ne sont pas la conséquence d'un pari, mais destinés à suggérer vos rapports volontiers carnavalesques avec la réalité! Les fêtes et les noces du regard entre les deux moitiés de l'humanité, vous admettez mal, et on vous comprend, que les animaux soient bientôt seuls à y être autorisés. Elles font partie du droit de vivre, du devoir d'aimer. Elles appartiennent à votre thématique – pour parler vulgairement. Elles imprègnent, elles irradient, elles illuminent toutes vos histoires d'amours, ce dont manquent, vous le déplorez quelque part, les romans de Sartre ou de Malraux. À vos mérites, j'ajouterai, à l'usage des jeunes lecteurs, celui de rendre ses prestiges et ses nuances au discours amoureux, un des plus sinistrés de notre langue, avec ses *nanas top* et ses *meufs canon*.

Au moment de gloser sur l'amour selon Orsenna, je m'avise que votre nom ne se laisse pas aisément adjectiver en *orsennien* pour les futurs thésards, ce qui, s'agissant d'un pseudonyme, donc d'un choix, signale une relative modestie dans l'imprévoyance. De même, pourrai-je, après ce discours, me prétendre *orsennologue* émérite? Le fait est que l'amour orsennien, l'*orsennisme*, exclut le huis clos intimiste, qui est souvent la rançon de la passion. Il ouvre tout grand sur le monde et sur la durée.

C'est peu dire que vos amants courent les continents. Le dépaysement fait partie de leur curiosité sans borne. Ils n'ont de cesse de traverser les océans, les milieux, les métiers. Pas d'amour sans aptitude miraculeuse à se rejoindre aux antipodes, cette aptitude qui guide les anguilles des bords de Loire, où Jules Verne enviait leur appareillage, jusqu'aux improbables Sargasses, et retour. Vous-même, vous ne vous plaisez qu'ailleurs, là où l'on s'étonne encore. L'expert économiste et le conteur s'émerveillent ensemble des pays en gésine, qu'ils soient d'Amérique du Sud ou d'Afrique, dont vous dites avoir «*besoin*», c'est votre expression, plus que l'Afrique de nous.

Au vertige de découvrir l'infini qui se cache derrière l'horizon, répond le vertige d'infini dans le Temps, cette aventure capitale, dans les livres comme dans l'existence. Vous êtes un romancier des longues périodes, comme on le dit pour les historiens. Vous accompagnez vos personnages sur plusieurs générations. Vous ne les quittez qu'à des âges avancés, et souverainement intacts, comme s'ils vous avaient devancé dans l'état où vous voilà, je veux dire : l'Immortalité. La durée peut tout, puisqu'elle est capable de changer les amours furtives en noces d'argent ou d'or. Les cheminements de l'Histoire, eux aussi, s'expliquent moins par les lois économiques – parole de docteur d'État – que par la mécanique céleste des flux et des reflux, chère à Shakespeare, à qui vous empruntez par ailleurs le mélange des genres.

Cette familiarité avec les extrêmes de l'Espace et du Temps, vous l'avez reçue, je l'ai dit, en héritage. L'air du large balance les branches de votre arbre généalogique. L'alizé caraïbe y souffle son haleine humide. Vous la tenez aussi, cette familiarité, de la botanique, des jardins, où on apprend à composer avec les carrés de terre et les saisons, à étiqueter la moindre brindille.

Au sens du temps qui passe, matérialisé par l'annuaire des marées, il faut ajouter, dans nos régions où le ciel « change » si vite, ce qui veut tout dire et rien : le temps qu'il va faire. Il n'est pas rare, les matins incertains, que Bréhat retentisse du toc-toc de tous les index îliens tapotant ensemble les baromètres pour évaluer la tendance du mercure, le « beau fixe » n'étant pas souvent atteint – ni souhaité, car comment rêver de fixité dans ces parages où toute beauté est mouvement! –, et pour décider si la fièvre locale, torride en dépit des vents aigrelets de Bretagne-Nord, s'apaisera ce jour-là en partie de pêche, dans les crêperies, en siestes voluptueuses – n'y revenons pas –, ou en excursion vers l'île sœur de Jersey, dont vous font cousin le même rose des cailloux, votre mélange très *british* d'extravagance et de flegme, votre refus de s'expliquer et de se plaindre.

Mais c'est d'abord au cosmos que vous raccorde votre sixième sens; et de la mer qu'il vous vient. Sans elle, vous n'auriez pas le réflexe de situer toutes choses sur la rose des vents, de relever le cœur dans le nord-est de la poitrine. Je veux parler de la haute mer, une fois sorti des courants qui blanchissent les passes du Kerpont ou de la Horaine, là où l'espace et le temps ne font plus qu'un, où il n'y a plus de lieux, seulement de purs instants, réglés sur les astres.

Monsieur,

Le hasard de nos élections fait bien les choses. On dirait de ces risées qui écartent le voilier des récifs au dernier moment, comme une caresse sur un front. Nul mieux que vous ne pouvait évoquer cet autre fou de mer que fut le commandant Cousteau. Je savoure le rare bonheur d'avoir accueilli ici, il y a dix ans déjà, cette sorte de grand frère, et de recevoir avec vous, à son même banc de nage, une manière de frère cadet.

Des bulles de champagne de votre prose, vous êtes passé naturellement aux bulles que rejetait le masque de celui par qui fut révélé le monde du silence. Vous avez ressuscité l'homme au bonnet rouge qui sut mettre sa popularité sans précédent au service de la planète. Vous avez justement rappelé avec quel scrupule le plongeur s'imposa de décrire les explorations psychiatriques du regretté Jean Delay, son prédécesseur. Vous auriez pu remonter encore dans la dynastie de votre dix-septième fauteuil, qu'on dirait voué à la fièvre de découvrir et de conserver, avec Bougainville, le frère du navigateur, avec Littré et Pasteur.

Je vous sais gré d'avoir associé au souvenir du commandant la mémoire d'Éric Tabarly, dont la fin rappelle le mot de Conrad illustré par vos livres : «*Du seul fait qu'il est né, l'homme tombe dans un rêve, comme on tombe dans la mer.*» À eux deux, les patrons de la *Calypso* et des *Pen-Duick* ont accompli le prodige de redonner aux Français conscience, et orgueil, de leur vocation maritime, vocation dont vous allez retrouver ici d'ardents défenseurs, Michel Mohrt, Michel Déon, Jean-François Deniau.

En vous, nous saluons au moins quatre récipiendaires d'un coup : Érik Arnoult, 57e membre du Conseil d'État à nous rejoindre, homme d'institution donc, déjà président de plein de choses, ayant foi dans le Droit, l'État, l'héritage, tout ce qui peut nous rassurer. Avec l'irrespectueux Érik Orsenna, nous accueillons le contraire du premier ou presque, du genre à dessiner des moustaches aux statues ; et vous aurez de quoi faire, nos couloirs, vous verrez, alignent autant de bustes que compte d'écueils le chenal du Trieux.

Moins visible, plus secret et plus ambitieux à la fois, nous découvrirons un homme fait pour nous : assoiffé de savoir encyclopédique, amoureux de réel et d'utopies, reporter autant que romancier, collectionneur des pratiques et des fables qu'a produites l'humanité, convaincu, avec Borges, que les bibliothèques peuvent récapituler le monde, conservateur des patrimoines et des légendes, charnellement attaché à nos paysages, bénédictin de l'érudition autant que nomade écarquillé ; un mystique des mots tel que nous les aimons, tel que le siècle prochain va en manquer, c'est à craindre.

Voici enfin l'ombre de Gabriel, insaisissable, filant entre les doigts et les définitions, libre de la liberté suprême, celle de l'imaginaire et des phrases jamais achevées, celle qui rend délicieusement imprévisible, et dont seule donne une idée la mer découverte, sans qu'on s'y attende, au détour d'un chemin creux.

Votre accointance avec ce mystère de la mer, je ne vois pas de meilleure façon de la figurer, pour finir, qu'en citant un passage fameux des *Chemins de la mer*, de François Mauriac. Notre confrère Maurice Schumann aimait tellement cette page qu'il la savait par cœur, comme des milliers d'autres, et qu'il la récita, une nuit, au micro de Londres ; Maurice Schumann, dont c'est l'occasion d'associer le nom à votre venue, qu'il désirait en ami, qui l'eût comblé. Mauriac écrit (écoutez-le, on croirait entendre sa voix de confessionnal!) :

« La vie de la plupart des hommes est un chemin mort et ne mène à rien. Mais d'autres savent, dès l'enfance, qu'ils vont vers une mer inconnue. Déjà l'amertume du vent les étonne, déjà le goût du sel est sur leurs lèvres – jusqu'à ce que, la dernière dune franchie, cette passion infinie les soufflette de sable et d'écume. Il leur reste de s'y abîmer ou de revenir sur leurs pas ».

Merci, Monsieur, d'avoir gardé sur vous ce goût du sel. Rien que pour cela, soyez le bienvenu !

Table

Ouvrages d'Érik Orsenna

Loyola's Blues, Paris, Éditions du Seuil, 1974 ; rééd. «Points-Seuil», 1989.

La Vie comme à Lausanne, Paris, Éditions du Seuil, 1977 ; rééd. «Points-Seuil», 1989.

Une comédie française, Paris, Éditions du Seuil, 1980 ; rééd. «Points-Seuil», 1981.

Villes d'eaux, Paris, Ramsay, 1981 (en collaboration avec Jean-Marc Terrasse).

L'Exposition coloniale, Paris, Éditions du Seuil, 1988 ; rééd. «Points-Seuil», 1995.

Besoin d'Afrique, Paris, Fayard, 1992 (en collaboration avec Éric Fottorino et Christophe Guillemin) ; rééd. LGF, 1994.

Grand Amour, Paris, Éditions du Seuil, 1993 ; rééd. «Points-Seuil», 1995.

OUVRAGES D'ÉRIC ORSENNA

Rochefort et la Corderie royale (photographies d'Eddie Kuligousska), Paris, CNMHS, 1995.

Histoire du monde en neuf guitares, Paris, Fayard, 1996 (en collaboration avec Thierry Arnoult).

Mésaventure du paradis : mélodie cubaine (photographies de Bernard Mattussière), Paris, Éditions du Seuil, 1996.

Deux Étés, Paris, Fayard, 1997.

Longtemps, Paris, Fayard, 1998.

Ouvrages de Bertrand Poirot-Delpech

La Grasse Matinée, Paris, Denoël, 1960.

L'Envers de l'eau, Paris, Denoël, 1963.

Au soir le soir, théâtre, 1960-1970, Paris, Le Mercure de France, 1969.

Finie la comédie, Paris, Gallimard, 1969.

La Folle de Lituanie, Paris, Gallimard, 1970.

Le Grand Dadais, Paris, Denoël, 1973 ; rééd. « Folio », 1974.

Madeleine Luka, Paris, Sauret, 1976.

Les Grands de ce monde, Paris, Gallimard, 1976 ; rééd. « Folio », 1984.

Saïd et moi : le roman-reportage du Monde, Paris, Éditions du Seuil, 1980.

OUVRAGES DE BERTRAND POIROT-DELPECH

La Légende du siècle, Paris, Gallimard, 1981.

Marie Duplessis, la « Dame aux Camélias » : une vie roman-cée, Paris, Ramsay, 1981.

Le Couloir du dancing, Paris, Gallimard, 1982.

Feuilletons, 1972-1982 : critiques littéraires, Paris, Gallimard, 1982.

Bonjour Sagan, Paris, Herscher, 1985.

L'Été 36, Paris, Gallimard, 1985 ; rééd. « Folio », 1986.

Monsieur Barbie n'a rien à dire, Paris, Gallimard, 1987.

Roger Martin du Gard, un prix Nobel de littérature, Association départementale pour l'Orne en français, 1987 (numéro spécial *L'Orne littéraire* ; en collaboration avec A. Daspre et P. Siguret).

Discours de réception de Bertrand Poirot-Delpech à l'Académie française et réponse d'Alain Decaux, Paris, Gallimard, 1988.

Traversées, Paris, Flammarion, 1989.

Le Golfe de Gascogne, Paris, Gallimard, 1989 ; rééd. « Folio », 1991.

OUVRAGES DE BERTRAND POIROT-DELPECH

Moi, général de Gaulle : scénario d'après William Faulkner, Paris, Gallimard, 1990.

Rue des Italiens, Paris, La Découverte/Le Monde Éditions, 1990 (en collaboration avec Nicolas Guilbert).

L'Amour de l'humanité, Paris, Gallimard, 1994.

Diagonales, Paris, Gallimard, 1995.

Le Hussard : autour du film de Jean-Paul Rappeneau (photographies de Hans Silvester), Paris, Éditions du Chêne, 1995.

L'Alerte, théâtre, Paris, Gallimard, 1997.

Théâtre d'ombres, Journal, Paris, Éditions du Seuil, 1998.

Papon : un crime de bureau, Paris, Stock, 1998.

Monsieur le Prince, Paris, Gallimard, 1999.

ISBN 978-2-213-60457-2